会呼吸的家：
室内绿植养护与搭配

［日］室内绿植装饰店○编

张翔娜○译

长江出版传媒

湖北科学技术出版社

目录·CONTENTS

前　言

随着生活方式的多样化，人们的生活环境和工作环境也在发生变化。在这种变化中，喜欢养花的人越来越多了。很高兴看到越来越多热爱植物的小伙伴加入我们的行列。

植物可以给我们带来很多益处，而其中最重要的一点就是植物让我们的生活变得更加丰富多彩。植物就像我们的家人，早上起床你可以对它说一声"早上好"，回到家你可以说一声"我回来啦"。它们的生长变化时常带给我们惊喜，新芽的萌发和花朵的绽放能让我们感受到时光的流转、四季的变迁，而修剪植物带来的宁静也是一种令人放松的享受。

植物是有生命的，所以养护植物需要方法，但是也不必因此而有压力，只要抓住一些"要点"就不用担心了。在这里，我们将通过丰富多彩的植物图片展示，结合生活的实例，将这些要点——介绍给你。希望这本书能给你的生活带来一些特别的体验，让你结识更多的植物伙伴。

室内绿植装饰店

PART 1

室内绿植装饰

~Green Life in the House~

　　这部分是室内绿植装饰实例图集，将介绍生长在不同风格的房间中的绿植和一些实用又颇具创意的装饰技巧。你一定能从中找到理想的装饰方案。

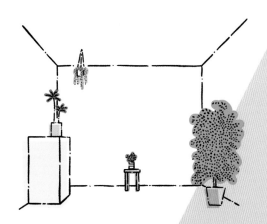

为什么喜欢绿植？

▶ 日本千叶县

　　这是一所新建的房子，房屋主人前来咨询室内外的植物装饰问题。他家中养了各种各样的植物，遍布每个房间。随着家里的植物品种越来越多，他也学会了一些养护的方法。现在，植物的养护工作成了一家人每天都要做的事情。房屋的客厅里摆放着一棵粗壮奔放、高度快要触及天花板的特大长叶榕作为主树。这棵长叶榕种在了水泥质地的花盆中，与房间的装饰风格很搭。屋内的横梁上也挂了一些较有分量感的悬挂植物。

左起依次是象耳鹿角蕨、长叶榕、膨珊瑚、垂叶榕

彩叶凤梨用苔藓球养着悬挂在墙上，靠里摆放的是竹节秋海棠，前面两盆是雀舌兰

用丝苇属植物装饰楼梯

风铃木、海芋、银莲花等植物的下方搭配着蕨类植物，高低错落有致，营造出丛林般的氛围。值得夸赞的技巧是使用悬挂的盆栽植物来代替窗帘遮挡外部的视线。二楼明亮的客厅窗台上，摆放着喜光的木本植物和仙人掌，靠里面摆放着喜弱光的天南星属植物。所有的植物都摆放在适合其生长的位置，各得其所。房屋主人说："在这里一边欣赏植物，一边小酌，真是人生的一大享受。"

风铃木（左）旁边枝叶舒展的是熊猫榕

| ROOM 2 |

欢迎来到丛林

▶日本东京都

| ROOM 3 |

和家人共成长的绿植

▶ 东京都

　　这是一个由一对夫妇、小宝宝和两只狗组成的热闹家庭。女主人喜欢装饰房间，家里的装饰以淘气的宝宝够不到的开放式厨房和装饰架为中心。精心设计的独栋房子的最后一个装饰步骤就是植物的选择和搭配。"虽然是第一次养植物，但希望把它们养得健康又漂亮"，要实现这样的愿望，一开始就要选择容易打理的品种。女主人说："能从厨房透过植物看到家人感觉很幸福！"她很享受每天养护植物的时光。

在上午阳光明媚的玄关处摆放一盆虎尾兰

ROOM 4

ROOM 5

ROOM 6

ROOM 7

ROOM 8

ROOM 9

用绿色点亮空间

| ROOM 4 | ▶ 千叶县

　　餐厅四周都是窗户，明亮宽敞，蓬松的合欢树非常适合这样的空间。浅灰色花盆和白色、原木色的室内装修风格很搭。

| ROOM 5 | ▶ 东京都

　　清新的绿色叶片搭配柔和的淡蓝色背景墙。家里的主树是鹅掌柴，虽然尺寸有些大，但是距离天花板还有30厘米以上的距离，可以期待树枝再长长一些，树形再大一些也很好看。

| ROOM 6 | ▶ 东京都

　　散尾葵的叶片朝着窗户和电视柜的方向伸展。电视柜上摆放着人参榕和虎尾兰，这种小巧的盆栽很适合摆放在电视柜边角这样的位置。

| ROOM 7 | ▶ 东京都

　　龟背竹的叶片极具个性，栽种在小盆中、摆放在边柜上都非常亮眼。哑光的金色套盆和富有现代感的家居摆件风格很搭，透过镜子照出来的样子也很优雅可爱。

| ROOM 8 | ▶ 东京都

　　房屋主人一直在找一株适合摆放在搁板旁边的植物，这盆带有一点野性的大肚酒瓶兰就特别合适。用装咖啡的麻袋作花盆套，给人一种随意又休闲的感觉。精心选择一个合适的花盆套也是养花的乐趣之一哦！

| ROOM 9 | ▶ 东京都

　　带有鲜艳斑点的发财树'银河'点亮了整个空间。这独一无二的大波浪形的树干是园艺师的特别创造。这个餐厅简洁的装修风格加上这与众不同的植物，让人印象深刻。

工业风中的生命气息

▶ 千叶县

　　这座房屋沿河建造，在家中就可以欣赏到大自然的风景。刚开始男主人只种了一棵主树，种植过程的快乐和主树优美的外形深深打动了他，于是他又陆续挑选了一些令自己心动的植物。家人也都很喜欢这种身边有植物的室内空间。2楼的起居室有很多窗户，采光很棒，而男主人又很喜欢精致珍稀的小盆栽，所以摆放了很多喜光的多肉植物。这家装饰的特点是将植株栽在水泥花盆中，和工业化的室内装修风格很搭。

左起依次是鬼面角、麒麟掌、霸王空气凤梨、鹅掌柴

左起依次是亚龙木、
松笠团扇、弱刺麒麟、
山影拳、彩春峰

图中有仙人球、
仙人掌、魁伟玉、
虎尾兰、沙漠玫
瑰等

ROOM 11

植物丛林

▶ 千叶县

窗边密密麻麻地摆放着各种植物，看上去相当热闹。在天花板上设置吊杆，将重量较轻的植物悬挂起来。吊杆的长度可调节，可以调整悬挂植物的间距，确保叶片不互相干扰，以保持良好的通风效果。房屋主人喜欢将小植物带回家，将它们细心养大。这是一个对植物非常有爱的家。

ROOM 12

大型植物装饰

▶ 东京都

房屋主人从事设计工作，家中装饰以磨砂铁栏杆的黑色为主色调，摆放了叶片巨大的芭蕉树，还有布置得恰到好处的小盆栽和悬挂植物。主人说每次看到它们的感觉都不一样，很有新鲜感。这是一个精心设计的绿色空间。

| ROOM 13 |

动物与植物共存

▶ 东京都

　　房屋主人非常喜欢动物和植物，照顾家中的宠物和植物已经成为他生活的一部分。他经常精心挑选植株装饰房间，还曾经笑着说："每周一次的整理植株和浇水让我感觉很放松。"植物用表面光亮的陶瓷花盆栽种，摆放在狗狗够不到的台架上。在阳光充足的门窗边悬挂一圈盆栽，令整个客厅显得相当热闹。

与绿植为伴

▶ 东京都

男主人经常坐在餐厅的饭桌边工作，所以在餐厅的大窗台上摆放了植物。厨房里有女主人忙碌的身影，桌边经常有孩子相伴。这里是一家人聚在一起的祥和空间。

ROOM 15

卧室工作区

▶ 东京都

男主人在设计适合夫妻二人生活的房子时，就考虑在家中摆放植物。搬家时挑选了很多，从大到小不等。图为卧室工作区，这里摆放着男主人喜欢的植物。

这是一个像度假村一样的客厅，当你躺在沙发上时，视野中是大片的绿叶。油亮的深绿色芭蕉叶与黑色调的现代装修风格很搭。

| ROOM 16 |

只要一棵就足够

▶ 东京都

| ROOM 17 |

我要的绿色

▶ 东京都

茶几上卷叶垂榕卷曲的叶片很亮眼，花盆套是用水泥材料做成的，样子很酷。随着家中植物越来越多，房屋主人也慢慢发现了养植物的乐趣，朋友都夸家里的植物好看。

17

|ROOM 18|

生活和植物，
我和你

▶ 日本埼玉县

　　这是室内绿植装饰店的店长佐藤女士的家。客厅由于日照较少，多摆放喜阴植物，可以与阳光充足的二楼的植物交替摆放。经常有人问她，养这么多盆花，会不会照顾不过来。她说选择不需要经常浇水的品种，这样就可以工作、养花两不误了。只要每周打理一次，这些植物就能长得很好，所以不用担心。佐藤女士用凳子和架子来摆放植物，整体高低错落有致，真是令人赏心悦目。

图中有丝苇、口红花、绿萝、崖姜蕨、酒瓶兰、窗孔龟背竹等

图中有金黄百合竹、球兰、卷叶垂榕、银角珊瑚、彩春峰、红掌、龟背竹、孔雀竹芋等

图中有龙骨瓣丽穗兰、到手香、绿珊瑚等

图中有樱花、风信子、郁金香

图中有洋常春藤和仙人球，还有切花和干花

| ROOM 19 |

带来季节感的绿植

▶ 千叶县

房屋主人在布置房间时，选择了两种榕树作为主树和次树。种植了一段时间后，卧室和玄关等处也慢慢添置了新植物。搭配着富有季节感的切花，植物的生长让他感受到时光的变迁和季节的变化。自然简洁的室内装潢搭配舒适怡人的植物，显得清新和谐。其他植物也是按照室内摆件的尺寸和样式来搭配的，厨房小窗边的小盆栽也很可爱。

PART 2
挑选和布置

~How to Choose and Place~

　　选择绿植作为室内装饰植物,首先要学会"如何挑选"和"摆在哪里",这是开启绿植生活的关键。本章总结了如何挑选和摆放第一盆绿植的方法, 在购买之前请先仔细阅读, 再去寻找适合自己的植物吧!

第一盆绿植该如何挑选

观叶植物的品种繁多，要挑选自己喜欢的第一盆绿植并不容易。

可能有人会说"那就先挑一盆小的吧"，但实际上，大盆的植株相对成熟和健壮，反而更容易养护。

挑选第一盆绿植，要考虑以下 3 个方面。

摆放环境条件

　　观叶植物的摆放环境条件有阳光、通风良好、10℃以上的温度（早、晚除外）、不对着空调，这是 4 个必备条件。客厅、厨房和卧室等平时待的时间比较长的房间基本能满足这些条件，是较为合适的养护环境。"阳光"是植物进行光合作用产生能量，维持生存必不可少的条件。"通风良好"则是促进新芽萌发和预防病虫害的必要条件。"10℃以上的温度"是因为观叶植物的原产地多为高温潮湿的环境，它们在室外和寒冷的地方很难生长。另外，"不对着空调"是因为环境过于干燥会对植物的叶片造成伤害，所以一定要避开。结合以上 4 个条件，环顾一下你的房间，确认想摆放植物的地方是否符合这些条件。如果家具已经摆好，没有适合的地方，那么重新调整一下家具的位置，腾出理想的摆放场所也是不错的选择。

木本植物还是草本植物？

　　根据外观特征，观叶植物大致可分为几大类型。有在粗壮的树枝上长叶的木本植物，有只有叶和茎的草本植物，还有多肉植物等。我们可以根据外观来挑选自己喜欢的植物，这样的话即使植物种类繁多，选择也会变得容易一些。

选择容易养护的品种

　　"不用勤浇水""这种植物好像听说过"，都是选择的要点。经常听到名字的植物，因为大多培育了较长时间，能较好地适应环境，所以一般比较好养，比如橡皮树、发财树和龙舌兰等。

挑选主树

体形较大的植物一般多为成熟的植株，因此具有强壮和易于生长的优点。

这意味着选择哪个品种通过外观就可以进行判断。那么是放室内还是室外呢？如果是室内，在哪里摆什么植物？请在脑海中想象一下，选择属于自己的独一无二的那一盆吧！

有哪些选择呢？

　　实体店售卖的主树一般是高度为 150 厘米以上的大型植物。这些植物树干粗，有的还会长出粗壮的气生根，有的叶片大而繁茂，足以让人联想到它们在原产地的样子。孟加拉榕、伞榕、垂叶榕等容易培育且品种繁多的榕属植物很受绿植爱好者的欢迎。榕属植物树形多样，有弯曲形和流线型（详见 P28）等各种树形可供选择。还有面包树、肉桂等市面上没有小盆栽的植物。另外还有具有粗壮树干的龙血树、不同树形的鹅掌柴、长着巨大叶子的棕榈科植物和鹤望兰属植物等，这些植物只有体形够大才能展现树姿的美。也有很多人喜欢木质化或露根的龟背竹和仙人掌科植物。每一种大型植物都个性十足，从中找到自己喜欢的那一盆将会是一件很美妙的事。

纤细还是粗壮？

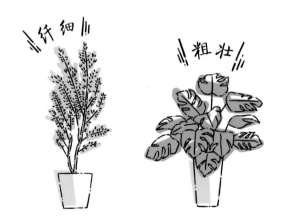

　　为了不占过多的空间，选择苗条的树形也不错。不过，大胆地选择体积较大的树形也是可以的。放在沙发周围或客厅、餐厅的中央可以凸显植物的存在感，起到点睛的作用。

注意植物的新陈代谢

　　老叶和长枝条主要在春季、秋季进行修剪（详见 P90），以促进其新陈代谢。如果没有修剪，新芽很难萌发，树形也会变得凌乱难看。促进新陈代谢的重点就是修剪，通过修剪来修整树形，促使更多新芽萌发。

挑选桌面植物

与大型植物相比，小型植物哪怕形状独特的也容易与室内装修风格搭配。但是太小的花盆对于植物来说往往是一个艰难的生长环境，所以精心的照顾是植物长寿的秘诀。

有哪些选择呢？

摆放在桌面的植物种类相当丰富，从常见的品种到稀有的品种琳琅满目。常见的木本植物有人参榕、木莲等榕属植物，千年木等龙血树属植物，以及洒金榕、鹅掌柴、发财树等。草本植物中的洋常春藤、草胡椒和彩虹肖竹芋等很有人气，多肉植物则有仙人掌、虎尾兰、玉露、魁伟玉等极富个性的品种。多肉植物品种相当丰富，你可以慢慢收集，虽然其叶柄和造型很特别，但是因为尺寸小，所以可以大胆尝试在室内摆放。市面上这种小型植物多来自种子发芽的实生苗。实生苗更能展现植物的特征，且长得更加健壮。

如何使小型植物茁壮成长？

叶子油绿

主干粗壮

首先选择坚实粗壮的植株。桌面植物和大型植物相比，就像一个孩子，体能较弱，所以要尽量选择健壮的植株。养护的过程中要勤观察，不要忽视植株状态的变化。

养护注意事项

小花盆里的土容易干，要使其保持湿润。架子上或吊盆等浇水不方便的地方最好选择喜干燥环境的植物。而厨房和盥洗室等方便浇水的地方可放置喜潮湿环境的植物，这样更容易打理。

CHOICE

挑选多肉植物

多肉植物由于本身的特性,除了常见盆栽,还可以种在马克杯或深盘里,是一类装饰效果很强的植物。而且,多肉植物的大小和形状各异,有些比较低调,有些则很张扬,还有一些稀有的品种,所以收藏的乐趣也不小。

什么是多肉植物?

　　茎和叶储存很多水分的植物被称为"多肉植物",即"多肉 = 水分多"。多肉植物的特点是茎叶肉厚、丰满。它们一般生长在雨季和旱季分明的地方。在雨水稀少的旱季,为了生存它们会在全身储存水分。因为不用经常浇水并且容易生长,所以很受欢迎。多肉植物分为仙人掌和其他多肉植物。小型仙人掌可以在花店和小商店买到;大型仙人掌有无刺的柱状品种和球状品种等可以选择;其他多肉植物则有芦荟、吉娃莲等。除此之外,市面上还有很多不同科属和形态外观各异的品种。多肉植物几乎每天都有新的园艺品种出现,有不少人以收藏多肉植物为乐。

摆放地点

　　多肉植物应放在房间最明亮、最温暖的地方。放在飘窗和架子上时,如果空气不流通的话植株容易损伤,所以要定期通风。有些品种不耐寒,所以冬季要注意不要受到冷气的侵袭。

养护注意事项

　　虽说多肉植物耐旱,但是如果土干了还不浇水也会干枯死亡。每周查看 1 次,如果发现土干了就要浇水。为了避免植株受伤,盛夏要在相对凉爽的傍晚浇水,严冬浇水时要注意使用常温水并且适当减少浇水量。

挑选适合自己的植物

经常有人说："我是植物杀手，养的植物经常枯死。"说这种话的人，也许他们养的植物真的不适合他们。盆栽的植物如果不好好照看确实容易枯死。因此，选择适合自己生活方式的植物也是很重要的。

要适合自己的生活方式

好不容易遇到心仪的植物，当然想把它养得更好更长久。但是为了把它们养好不致枯死，每天都小心翼翼的，压力也不小。如果选择了适应自己生活习惯的植物，不但植物能长好，自己也不用太费力。例如，习惯早起和早上做事的人，可以选择浇水频率高和需要喷雾的蕨类植物，将打理植物纳入起床后的例行公事中，这样就能从早上开始心情愉快的一天了。经常出差不在家的人，可以选择保水性较好的木本植物和多肉植物。如果你作息黑白颠倒，经常天亮才拉上窗帘睡觉，那么耐阴的龟背竹和其他草本植物会比较适合你。如果在家的时间比较多的话，可以选择白天叶片张开的合欢树和彩虹肖竹芋等来增加居家的乐趣。

选择适合自己性格的植物

比较怕麻烦的人，选择肉眼能见到水量的水培植物比较省事。对于那些想要在植物上多花一点心思的人来说，选择叶片较多的木本植物或者叶片较大的草本植物更好，这样就可以没事擦一擦叶片或者剪一剪枝干，有很多事情可做。

喜欢植物的外观很重要

"喜欢这种植物的样子"其实是很重要的，如果不喜欢就会失去兴趣，没兴趣就不会注意到它的变化，有可能连它快枯死了都没察觉。喜欢就会多看几眼，当然就会注意到变化的发生，注意到了就会采取相应的对策，植物就能长久保持健康了。

挑选栽培介质

栽培介质是种植植物的关键，且种类很多。

人们对土壤的要求各异，有人不喜欢直接接触栽培介质，有人不希望其中有虫子等。市面上有许多满足人们各种需求的栽培介质可供选择。

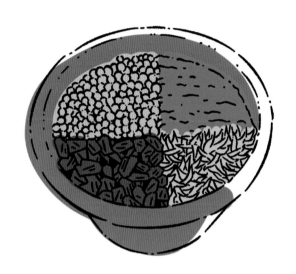

栽培介质有多少种?

　　代表性的栽培介质有培养土、水苔、海绵、木屑加工而成的园艺土、水培基质、木炭等。最普遍使用的是培养土。培养土厚重，能支撑起强壮的茎叶，所以高度超过 1 米的植物几乎都使用它。市面上的栽培介质基本都含有有机物和肥料，能储存植物生长需要的养分和水，而且介质内部的温度变化比气温的变化缓慢，因此可以缓解因季节变化带来的温度的剧烈变化。营养液和木炭适用于水培植物。虽然水培植物生长速度没有土培植物快，但是因为水培基质能够抑制虫子的产生，而且换水的时间容易把握，所以很受欢迎。最近市面上还出现了一种含有和土壤一样养分的质量很轻的海绵介质。

能抑虫的介质

易长虫!

　　果蝇等飞虫是从花盆的栽培介质中长出来的，因为虫子都喜欢有养分的地方。水苔和水培基质等能抑制蝇虫的产生。怕虫的人推荐选择这种介质。

选择有观赏价值的介质

　　水培基质的颜色和形状都是根据植物的特点设计的，所以大多比较美观。可以将这些漂亮的介质放在透明的玻璃容器里，只需要加水即可。在透明的容器中欣赏植物的根系也很有意思。

通过树形和叶形来挑选植物

植物千姿百态，叶片也形状各异。人们有的利用植物自然生长的姿态做出"自然树形"，有的将其故意弯曲做成"弯曲树形"，给人截然不同的印象。对于室内装饰来说，选择树形很重要，而且植物的叶形也多种多样，所以在选择植物的时候可以先在脑海中想象一下装饰效果。

 树形的种类和特征

不同树形有不同的特征。
下面介绍几种具有代表性的树形。
这些树形都是根据枝干的自然形状修剪出来的。

自然树形	弯曲树形	流线型	伞形

花叶垂榕 / 高山榕 / 清迈鹅掌藤 / 发财树

树形大，不易走样，每隔2年修剪一次枝叶。

将树干弯曲成"S"形或呈螺旋状的树形。主干周围的枝叶生长较快。修剪方法和自然树形一样。

将树干横向伸展而成的树形。如果上面或侧面有突出的枝叶，剪掉以保持原有的树形。

枝叶集中在树顶的树形。如果枝叶长得太大或太长就要修剪，长出新叶后树形就会变好看。

直立形	喷水形	扇形	下垂型

香龙血树 / 白掌 / 大鹤望兰 / 口红花'泰粉'

苗条笔直的树形。香龙血树生长过程中要去掉下面的叶片，交叉的枝干也要剪掉。

这是从基部长出许多叶片的松散树形。植株长大后要换大一号的花盆。

叶子从基部生长的松散树形。因为容易发散，所以要从根部剪掉外围比较突出的叶子。

攀缘植物。叶片顺着花盆下垂生长的树形。如果枝条长太长就要修剪。

叶形的种类和特征

叶片的形状千差万别。
同科植物的叶片形状大致相同，如果根据叶形去选的话很快就能锁定选择范围。

圆形

具有这种叶形的植物中小株型品种较多，容易打理。如果摆放在与视线齐平的高度，就能很好地欣赏到可爱的叶片了。

长椭圆形

这种叶形在木本植物中很常见，叶片较大较显眼。当叶片太繁密时，要修剪留出空间。

卵圆形

多见于榕属植物。叶片有大有小，给人自然清新的感觉。

披针形

常见于大叶的草本植物。品种不同，叶片的纹路、颜色和味道也会有很大差异。

针形

狭窄的细长叶形。多见于棕榈科植物和一些木本植物的细叶品种。纤细的叶子聚集在一起显得很柔软。

剑形

像剑一样的长叶，叶形比针形更宽。这种叶形常见于天门冬科等。

掌形

形状像手掌。多见于鹅掌柴和发财树。树枝上长出很多叶子，看上去很有分量。

心形

多见于天南星科和榕属植物。叶片长得太茂密时要修剪。

箭形

多见于天南星科等草本植物。这种叶片的植物一般可长成莲座状的松散树形。叶色和叶柄的种类很丰富。

个性的叶形

叶片上有切口或者形状独特。一般具有这种叶形的都是观赏性很强、很有人气的品种。

挑选花盆

室内观赏植物还要重视花盆和盆套的选择。花盆的样式繁多，在选择时要考虑是否适合要栽种的植物，这一点非常重要。

挑选花盆

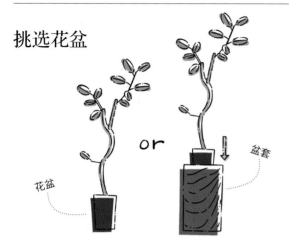

花盆

盆套

　　培植植物的容器叫作花盆。花盆底部通常会垫上托盘，防止漏水。可选择单独使用花盆或用盆套装饰种植盆。花盆和盆套的种类和大小可根据室内装饰的风格来选择。

花盆的大小

　　如果是对盆栽换盆，应选择比原来花盆大一号的尺寸。花盆太大会使根部容易积水而烂根，或者导致根部生长不均衡而影响植株生长。如果选用盆套则应选择比种植盆大一号尺寸的，并且两者之间要预留出可以在两边放入手的空间。

花盆的素材

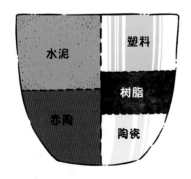

水泥　　塑料

树脂

赤陶　　陶瓷

　　塑料、树脂、陶瓷等材质的花盆因保水性好而受到欢迎，但要注意夏季因盆内温度上升而引起的烧根问题。而水泥、赤陶等材质的花盆因吸水性和通气性较强，比较适合喜干植物。

盆套的材质和种类

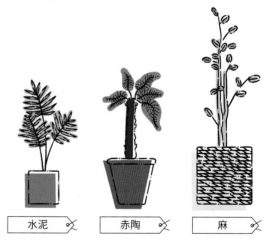

水泥　　赤陶　　麻

　　盆套多用来装饰塑料种植盆。盆套的材质有水泥、赤陶、竹、麻、纤维玻璃等，可根据个人喜好和装饰的风格来选择。

风格各异的花盆

美观大方的工艺花盆

外表粗犷、帅气的高人气水泥花盆。这种花盆外形低调，不会喧宾夺主影响植株的存在感，作为室内装饰很百搭。

简约时尚的盆套

即使是最便宜的塑料花盆套上这种盆套，也会立马提升档次和时尚感。价格便宜、容易入手也是它们的吸引力之一。

具有个人风格的手工花盆

个性化、款式多样的手工花盆。因为这种花盆比较挑植物和放置场所，所以需要一定的个人品位。在装饰效果上可以起到画龙点睛的作用。

性价比第一的塑料花盆，便宜才是硬道理

款式多样，选择与植物搭配的款式即可。虽然容易坏，但价格便宜，购买起来毫无压力。

四季的绿色生活

春 3月至5月

春季是植物的生长期，
所有的养护都可以在这个时期进行

春季，气温上升，天气回暖，植物开始进入生长期。这是一年中植株体力最强，气候最稳定的时期，移栽、分株、修剪、施肥等都可以在这个时期进行。当花盆中土量变少、花盆太小时就应换盆（详见 P88 ）、换土或分株。在这个季节应适时修剪杂乱的枝叶（详见 P90 ）、施肥以促使植株长出更多新芽。一旦新芽大量长出，植株茂密部分和外侧叶子、枝干下方的叶子就会变黄，这是植物新陈代谢的结果，无须担心。如果植株已经开花，残花长期留在植株上容易消耗体力，应尽早摘除。

夏 6月至8月

夏季注意烧叶和烧根问题

观叶植物虽然表面看上去能耐酷暑，但是如果放在室内通风不良的地方，因温度较高、热量聚集就容易导致根叶受伤，要引起重视。严禁将植株移至室外或放在没有窗帘遮挡的窗边，要勤通风，最好放在透过薄窗纱能照到阳光的地方。如出现烧叶，植株的叶子会变成黄色或棕色。出现烧叶现象时，要剪掉烧坏的叶子。另外，塑料和陶瓷的花盆虽然保水性强，但高温天气热量难以散发容易出现烧根现象，可以使用盆套隔热、降温，或将植株移至无阳光直射的地方。如果枝叶出现蔫拉下垂的现象也有可能是烧根引起的。

植物的生长因季节的变化而呈现出不同的状态，应适当调整植物的养护方式和培育环境。这部分将介绍一年四季植物可能出现的状况和养护的难点。

秋 9 月至 11 月

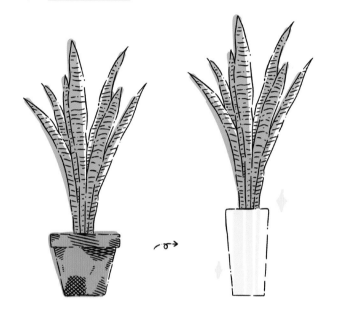

秋季易养护，
生长期即将结束

暑气未消的初秋对植物来说是个舒适的季节，所以会长得比较快。这时要注意保持良好的通风，促进植株的新陈代谢。如果植株长势良好，可以考虑移栽至大盆或进行适当的修剪。对于根、叶和枝条生长过快的植株，可在夏季结束前进行修剪。如果春季忘记施肥，也可以选择在这个时期施肥。对于不耐寒的品种，这个时期应适当远离窗户，转移至不易受凉气侵袭的地方。此时气温下降，泥土变干的速度会变慢，所以应减少浇水的次数，注意不要像夏季一样频繁浇水。另外，因夏季的酷暑而导致的烧根症状也有可能在这个时期表现出来，所以应随时观察植株的状态以便进行相应的护理。

冬 12 月至翌年 2 月

冬季尽量将植物转移到温暖明亮的地方

寒冬对植物来说非常难熬，请将植物移至室内，尽量放在温暖明亮的地方。靠窗也容易被寒气侵袭，应将盆栽往房间内部转移。寒气会冻伤根叶，所以不要放在室外。即使只是短短 10 分钟的浇花时间也可能会导致植物冻伤。冻伤后的叶子会变皱，部分叶子会变成棕色或黑色。冻伤的叶子要剪掉（可剪掉 1/3 左右的叶子）。另外，注意要在常温※下浇水并暂停修剪和其他养护。

※ 冬季直接用水管中的自来水浇水会太凉，应将其放至室温再使用。

展现植物最美的样子

选好了自己喜欢的植物，花盆也选好了，最后就是如何摆放的问题了。摆放的方法因摆放场地而异。方法不同，植物展现的姿态也不同。摆放之前，请想象一下摆放后的样子吧！

下面介绍几个摆放的要点。

将花盆分类摆放

　　按花盆的颜色、材料、形状、大小分类摆放，这样摆放出来的效果统一、时尚百搭。如图，将灰色系花盆摆放在一起，即使植株形态各异也能和谐共处，不会互相干扰。

高低错落有致

　　如果房间里有多种植物，那么尽量采用高低错落的方式来摆放。这种方式摆放出来的效果会让你如同置身于自然森林中，形成自然而立体的空间。可尝试使用凳子和盒子等物品作为展示架。

使用花盆架

　　下垂形植物和形态独特的植物可使用花盆架展示。可直接购买已成型的花盆架，也可自己动手制作。制作材料可在五金店或网上购买。摆在架子上的植物所用的花盆款式也要精选一下。

悬挂起来

　　吊盆植物可从高处悬挂下来。悬挂起来的植物与摆放在低处时观赏效果完全不同。悬挂的挂钩可安装在天花板的横梁或边缘处。

PART 3

室内绿植图鉴

~Green Catalog~

　　本章将按科介绍容易购买到的人气植物品种，展示的植物图片聚焦了该植物的部分特征。即使属于同一科，植物的形态也千差万别，有些品种还会因为季节的不同而表现出不同的样子。请仔细找一找，看看有没有自己心仪的品种吧！说不定会有意想不到的收获哦！

图例

🌲: 木本植物

🌱: 草本植物

🌵: 多肉植物

🌲 桑科

桑科植物是木本植物的代表，以无花果亚属的橡皮树系为主。叶形多呈卵形和椭圆形，树干颜色各异。植株大小不一、株型多样，剪开叶片可见胶质汁液渗出。有些品种还会长出裸露在空气中的"气生根"，这种根系构成植物独特的造型。伞榕不耐寒，常在冬季落叶，但一到春季就会长出很多新芽，叶片也会越长越茂密。

高山榕
原产地：印度、缅甸

大叶榕「非洲王子」
原产地：南非

高山榕

伞榕

原产地：非洲热带地区

孟加拉榕

原产地：印度、斯里兰卡

长叶榕

原产地：东南亚，波利尼西亚（园艺品种）

花叶垂榕

原产地：东南亚，印度（园艺品种）

面包树

原产地：太平洋群岛，印度、菲律宾

卷叶垂榕

原产地：东南亚，印度（园艺品种）

印度榕
原产地：亚洲热带地区（园艺品种）

垂叶榕
原产地：东南亚，印度

雅榕
原产地：亚洲热带地区（园艺品种）

熊猫榕
原产地：美洲热带地区

锈叶榕
原产地：澳大利亚

人参榕
原产地：东南亚、中国、日本、澳大利亚

 棕榈科

棕榈科植物奔放的枝干和精致的叶片很招人喜欢，只要一盆就能起到很好的装饰效果。代表植物是软叶刺葵，主要为由种子培育出来的实生苗。这种植物寿命相当长，树龄可达 200 年以上，根系发达所以要经常浇水。另外一个常见植物是散尾葵。散尾葵如果不是实生苗培育的根茎就不会变粗。整体叶片数量保持 2 片左右观赏效果最佳，春季至夏季生长期新芽长出后，要剪去变黄的老叶。

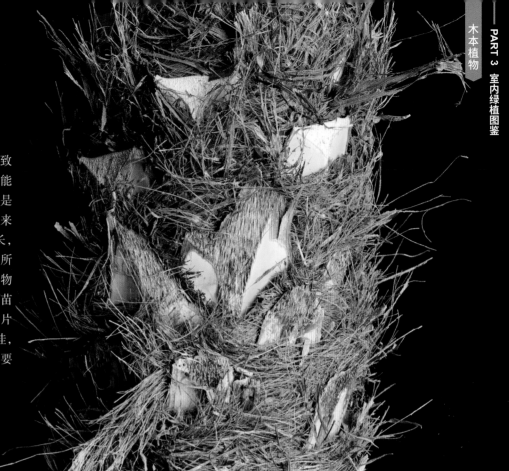

软叶刺葵

软叶刺葵
原产地：中南半岛

散尾葵
原产地：马斯卡林群岛

桃金娘科

桃金娘科植物主要产自南美洲、东南亚和大洋洲的澳大利亚，多作户外果树栽种。乌墨是桃金娘科观叶植物的代表。它的特征是白色的树皮和柔软的叶子，树形自然，给人一种清新的感觉。叶片长出来就会往下垂，招人喜欢。这种植物虽然名叫"橄榄树"，但和普通的橄榄树完全不同，同榕树比较接近不耐干燥，所以要经常进行喷雾保湿。

乌墨
原产地：东南亚

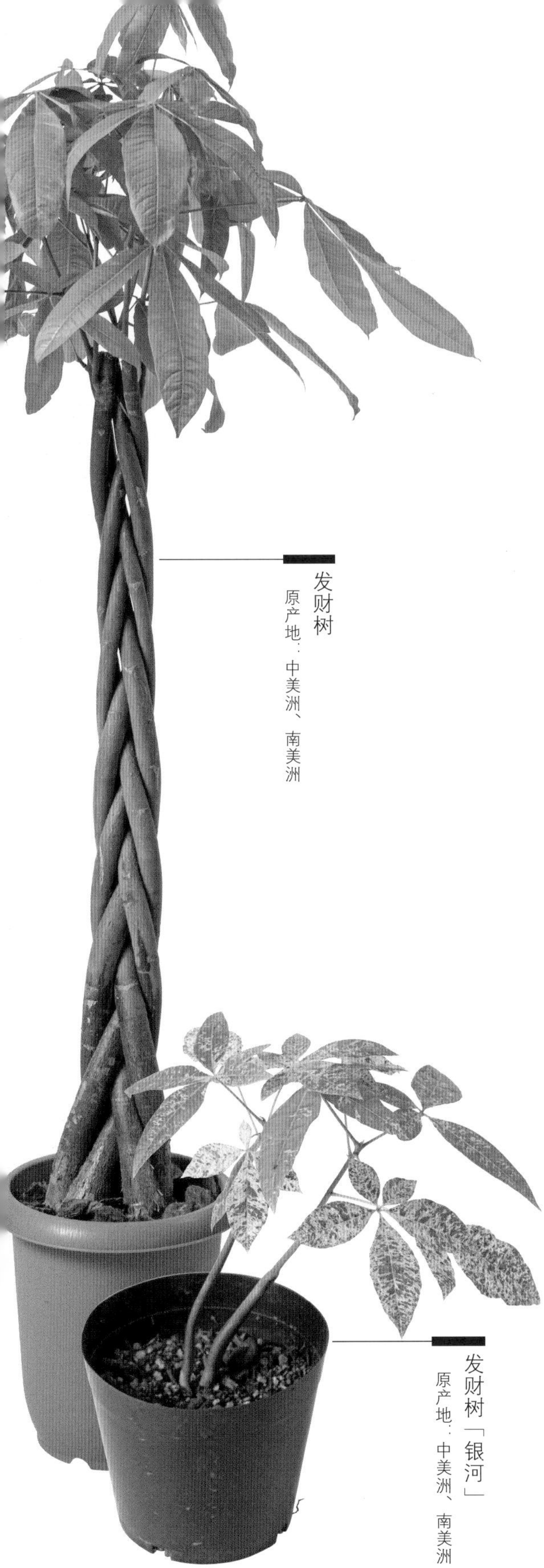

发财树
原产地：中美洲、南美洲

发财树「银河」
原产地：中美洲、南美洲（园艺品种）

锦葵科

锦葵科植物耐干燥且易于养护。代表性的植物是发财树，尤其是叶片有迷彩纹的发财树‘银河’。这种斑叶发财树是实生苗培育。因为实生苗种子特性强，出现返祖现象，叶片不会变绿，所以近年来开始受到关注。市面上的品种大部分是发财树嫁接的，实生的很少见。发财树的造型一般是叶片集中在树顶，如果放任它们生长的话，枝叶就会懒散地下垂，所以春季要对枝叶进行修剪。

🌲 夹竹桃科

　　夹竹桃科植物多生长在干旱地区，特征是拥有肥大的根和茎以储存水分，便于在干旱的环境中生存。这些根系储存水分的植物被称为"块根植物"，很受欢迎。夹竹桃科植物的最佳观赏期是植株开花的温暖季节，其中被称为"沙漠玫瑰"的植物，能绽放出色彩鲜艳的大花。夹竹桃科植物要在阳光明媚、温暖、通风良好的地方养护，冬季是落叶休眠期，应停止浇水。

非洲霸王树

原产地：马达加斯加

沙漠玫瑰

原产地：阿拉伯半岛

沙漠玫瑰

斑叶书带木

原产地：西印度群岛（园艺品种）

🌲 金丝桃科

　　斑叶书带木是金丝桃科观叶植物的代表，其特点是叶片厚实，抗旱性强。市面上的盆栽枝叶都是绿色的，但如果植株长大，会从根部开始木质化长成大树。以前人们用尖锐的器物在其叶片表面刻字、画画，印迹可以长期保留下来，所以在当地也被称为"信息叶"。果实成熟时会裂开并变成坚硬的星星状，在夏威夷被用来做成装饰品。

 梧桐科（锦葵科）※

　　澳洲佛肚树常被称为"瓶子树"，因为它膨胀的树干底部看起来像香槟酒瓶。在原产地，它们会长成 20 米高的树。春、夏两季，它们会在根部蓄水为干旱的冬季做准备，因此冬季要控制浇水。在生长季节，它们会萌发大量的新芽，老叶也会慢慢掉落。因为新叶长出来老叶就掉落了，所以几乎不需要修剪。如果缺水或根部吸水不畅，叶片会变黄掉落。这是一个状态易于观察也容易养护的植物。

※ 梧桐科现在已转为锦葵科。

澳洲佛肚树
原产地：澳大利亚

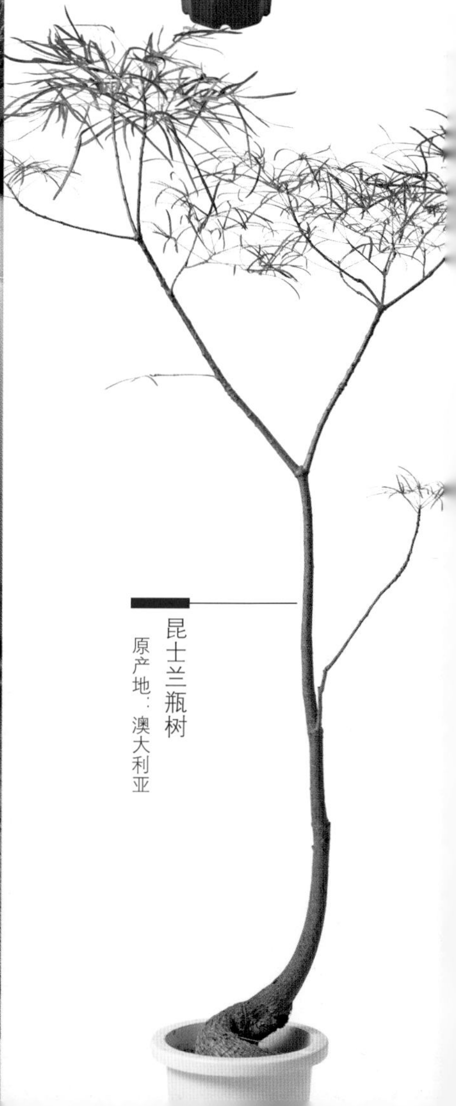

昆士兰瓶树
原产地：澳大利亚

🌲 豆科

豆科植物的枝条上长着小小的柔软的叶片，给人柔和温婉的印象。春季到秋季，合欢长势较好，春季开花，开出的花像灯笼一样挂在树枝上，相当可爱。然后会长出豆荚，当豆荚变成红色时，种子就会从豆荚中蹦出来。晚上，你还可以观赏到叶片因睡眠而合拢的样子。如果土太干，小叶就会变黄掉落，所以要注意经常浇水。

合欢
原产地：南美洲

童话树
原产地：新西兰（园艺品种）

童话树

45

🌲 天门冬科

　　天门冬科的植物多是栽培历史悠久的观赏植物。"龙血树"这个名字你可能经常听到。龙血树枝叶垂直向上生长，冠幅不大，树形苗条。春、夏两季，新芽从叶片内侧长出，外部的旧叶逐渐枯萎掉落，当它们脱落时，叶柄就会变成树干的一部分。耐旱，不用经常浇水，容易养护。天门冬科中有许多生命力强且长寿的品种，比如龙血树的树龄可达6000年。

螺纹香龙血树
原产地：非洲热带地区（园艺品种）

金黄百合竹
原产地：亚洲、非洲的热带地区（园艺品种）

龙血树

香龙血树
原产地：非洲热带地区（园艺品种）

荷兰铁
原产地：美洲中部至北部地区

酒瓶兰
原产地：墨西哥东南部地区

龙舌兰
原产地：加那利群岛

三色千年木
原产地：马达加斯加（园艺品种）

狭叶龙血树
原产地：南亚，中国南部地区

47

金边礼美龙舌兰
原产地：非洲热带地区（园艺品种）

剑叶铁树
原产地：澳大利亚

金边香龙血树
原产地：墨西哥

龙血树
原产地：非洲热带地区（园艺品种）

黄边百合竹
原产地：亚洲、非洲的热带地区（园艺品种）

朱蕉
原产地：东南亚（园艺品种）

咖啡树

原产地：埃塞俄比亚

🌲 茜草科

　　茜草科植物中唯一的观叶植物是咖啡树，它的特点是有光滑的叶片。春季，新芽的嫩绿色和成熟叶片的深绿色形成鲜明的对比，观赏价值很高。咖啡树可以长到 1 米多高，植株长大后，春季到初夏会开出白色的花，还会结果。结果时，因为营养被果实吸收，叶子会衰败和掉落。果实收获后要修剪叶子，修整植株。咖啡树不耐寒，寒冷的天气会使叶片变黑，所以冬季要在温暖的地方养护。

49

五加科

五加科植物通常有掌形的叶片，具体形状因品种不同而略有不同。代表植物鹅掌柴因其粗壮的树干和独特的树形而受欢迎。鹅掌柴枝干挺拔粗壮，在日本八丈岛被用作防沙林，但不耐闷热，所以要特别注意盛夏温度、湿度上升对其生长的影响，闷热会使它的枝叶变黑，让它们看上去毫无精神。还有一种叶子柔软下垂的品种叫幌伞枫，在原产地被叫作"羽叶南洋参"，因为名字寓意吉祥而广受欢迎

短序鹅掌柴

羽叶南洋参

原产地：东南亚，印度和法属波利尼西亚

清迈鹅掌藤

原产地：泰国

洋常春藤

原产地：欧洲、北非、西亚（园艺品种）

短序鹅掌柴

原产地：中国（园艺品种）

楤木

原产地：法属波利尼西亚、法属新喀里多尼亚

辐叶鹅掌柴

原产地：澳大利亚和太平洋的新几内亚岛

多蕊木

原产地：马来半岛、印度阿萨姆地区

鹅掌柴

原产地：中国南部地区

草本植物

鹤望兰
原产地：南非

大鹤望兰
原产地：南非、马达加斯加

🌱 鹤望兰科

　　鹤望兰科的特征是叶子很大，像扇子一样展开。春、夏两季，新芽从叶片内侧长出并长成高挺的姿态，冬季生长缓慢。外面的老叶会逐渐变成棕色，所以春季生长期要进行修剪。在温暖的环境下，成熟的植株会开出鸡冠状的花朵。大鹤望兰的花是白色的，鹤望兰的花是橙色和紫色的。这个科的植物根部多肉肥厚，比较耐旱，所以容易养护，但是因为根部生长得快，所以要定期换盆。

52

大鹤望兰

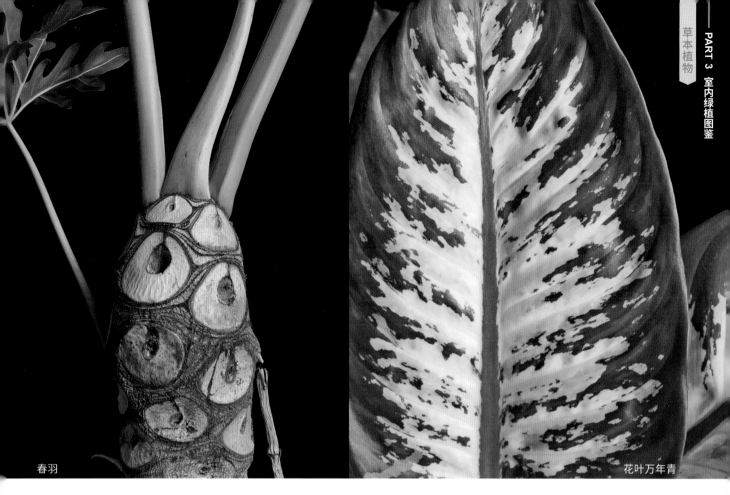

春羽

花叶万年青

海芋

原产地：亚洲热带地区

春羽

原产地：巴拉圭和巴西南部地区

🌱 天南星科

　　天南星科植物叶纹、叶形和叶色种类繁多，是最受欢迎的草本植物。绿萝、红掌等多数都是容易养护的品种，非常适合第一次养花但想要养出外形独一无二的植物的人。春羽、龟背竹等植物能长出很多气生根，树干可以像木本植物一样向上生长，野趣十足，生长过程让人期待。这个科的很多植物对寒冷比较敏感，所以冬季要注意养护。

龟背竹
原产地：美洲中部地区，墨西哥

银皇后万年青
原产地：亚洲热带地区（园艺品种）

白掌
原产地：美洲热带地区

花叶万年青
原产地：哥伦比亚、哥斯达黎加（园艺品种）

斜纹粗肋草「黑美人」
原产地：亚洲热带地区（园艺品种）

黄金葛
原产地：所罗门群岛（园艺品种）

窗孔龟背竹

原产地：哥斯达黎加

银斑葛

原产地：亚洲热带地区（园艺品种）

红掌

原产地：哥伦比亚

白肋万年青

原产地：美洲热带地区（园艺品种）

合果芋

原产地：美洲热带地区（园艺品种）

黑叶观音莲

原产地：亚洲热带地区（园艺品种）

🌱 棕榈科

棕榈科植物的特征是叶片呈精致的披针形、针形，每个品种的叶片长度各异，千姿百态。棕榈科植物清爽明丽的样子很受欢迎。冬季的室内，由于空气和土壤比较干燥，叶尖可能会变黄枯萎，所以要通过勤浇水和喷雾来预防。2米高的散尾葵每天可以蒸发掉1升水，可以起到天然加湿器的作用。研究表明，散尾葵还可以清除一些室内的有害物质，所以人们喜欢将它们摆放在办公室和店铺中。

富贵椰子
原产地：澳大利亚

棕竹
原产地：中国南部地区

散尾葵

散尾葵
原产地：马达加斯加

云南棕竹
原产地：中国南部地区（园艺品种）

巴西散尾葵
原产地：巴西南部地区

袖珍椰子
原产地：墨西哥

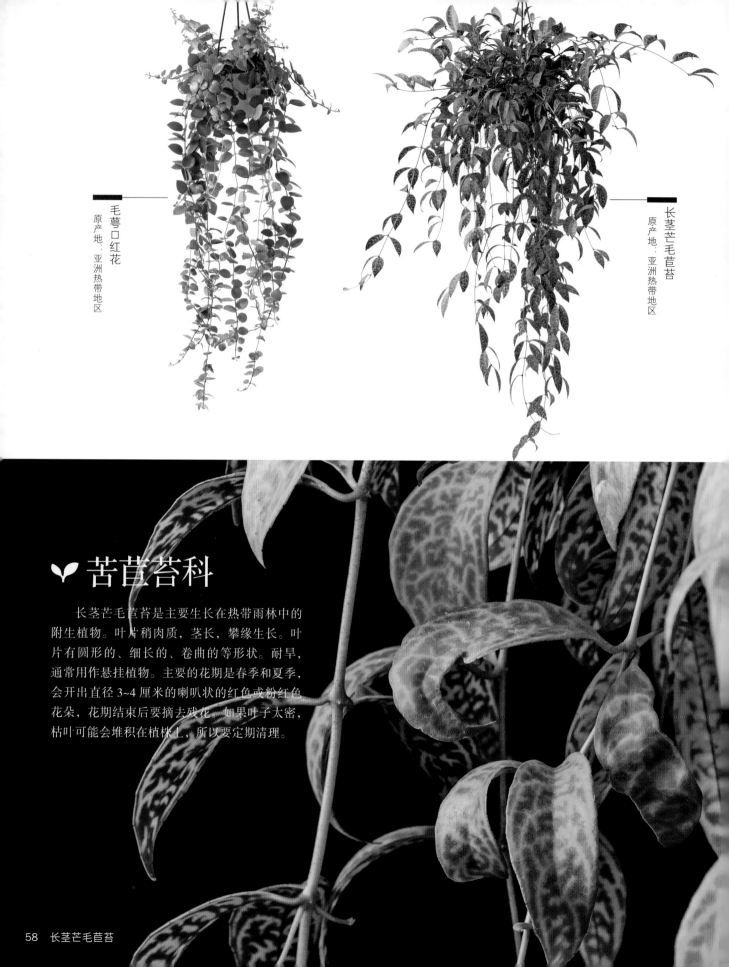

❦ 苦苣苔科

　　长茎芒毛苣苔是主要生长在热带雨林中的附生植物。叶片稍肉质，茎长，攀缘生长。叶片有圆形的、细长的、卷曲的等形状。耐旱，通常用作悬挂植物。主要的花期是春季和夏季，会开出直径 3~4 厘米的喇叭状的红色或粉红色花朵，花期结束后要摘去残花。如果叶子太密，枯叶可能会堆积在植株上，所以要定期清理。

铁角蕨科

铁角蕨科是分布在热带地区的蕨类植物。在原生地，它们生长在山地的岩石裂缝中和石墙上，根茎有匍匐生长的，也有直立生长的。这个科的园艺品种很多，可以欣赏到各种独具特色的叶形。最具代表性的鸟巢蕨原产地在日本。鸟巢蕨的新芽在某些地区还可食用，保持植株中心的柔软部分湿润可以使新芽更容易长出。

鸟巢蕨

飓风鸟巢蕨

鸟巢蕨

原产地：日本（园艺品种）

🌱 凤梨科

　　凤梨科的原产地主要在美洲的热带和亚热带地区，生长在森林、岩石和沙漠等地。为了抵御干旱，有的植物会在叶根部的叶筒中储存水分，有的植物叶片上会长出茸毛，有效地吸收空气中的水分和氮气。为了适应环境，它们形态各异，全年生长缓慢。龙骨瓣丽穗兰通过土壤和叶片中的储水部分吸收水分，所以浇水时也应浇在叶片上，但是在寒冷的冬季，由于对叶片浇水容易使植株受伤，所以只对土壤进行浇水。

龙骨瓣丽穗兰

龙骨瓣丽穗兰
原产地：巴西

短叶雀舌兰
原产地：南美洲（园艺品种）

桑氏穗凤梨
原产地：南美洲中部地区

沙漠凤梨
原产地：南美洲（园艺品种）

犀牛角铁兰
原产地：南美洲中部地区

霸王空气凤梨
原产地：南美洲中部地区

61

 夹竹桃科

　　夹竹桃科的草本植物耐旱性好，浇水频率低，而且大多具有攀缘性，可以悬挂装饰，养护起来很省事，所以很受欢迎。球兰能开出可爱的像蜡塑的星形花朵，大部分品种的花朵都有香味。眼树莲也会开出黄白色或红色的小花。如果土壤环境好、养护得当，一年可开几次花。球兰的茎叶纵横交错生长旺盛，眼树莲茎叶下垂生长。

心叶球兰

花叶球兰
原产地：亚洲热带地区（园艺品种）

威特球兰
原产地：中国、尼泊尔、印度

心叶球兰
原产地：泰国、老挝

铁草鞋
原产地：印度尼西亚、泰国、马来西亚

断叶球兰
原产地：亚洲热带地区

眼树莲
原产地：东南亚

百万心
原产地：亚洲、大洋洲

淡味球兰
原产地：婆罗洲岛

竹芋科

竹芋科植物的叶色差异较大，叶片花纹独特，就像画上去的一样。很多植物叶片内侧与外侧颜色不一，形成鲜明的对比，这也是该科植物的一大特色。新芽在温暖的环境下呈筒状，萌发并舒展，还可开出可爱的花朵。大部分植物叶片白天张开，到晚上就会卷立起来进入休眠状态，这是为了防止叶片中的水分流失。除了光照的变化，土壤干燥和强风也会导致叶片卷立。

孔雀竹芋
原产地：美洲热带地区（园艺品种）

青苹果竹芋
原产地：美洲热带地区

竹芋「魅力之星」
原产地：美洲热带地区

彩虹肖竹芋
原产地：美洲热带地区

紫背竹芋
原产地：美洲热带地区（园艺品种）

豹斑竹芋
原产地：巴西

紫背天鹅绒竹芋
原产地：美洲热带地区

披针叶竹芋

披针叶竹芋

原产地：巴西

披针叶竹芋

❤ 水龙骨科

　　水龙骨科的特征之一是叶片后面密密
麻麻地布满像星星一样的孢子。因为大部
分都是附生植物，所以该科植物不仅有盆
栽，还有很多采用木板种植法和苔藓球种
植法。鹿角蕨有像鹿角一样舒展开的孢子
叶，可以挂在天花板和墙壁上进行装饰，
非常受欢迎。春季、夏季是生长季节，会
长出很多新芽，应在湿度适宜，没有阳光
直射的通风处进行养护。

二歧鹿角蕨
原产地：亚洲热带地区（园艺品种）

水龙骨「蓝星」
原产地：亚洲热带地区

鳄鱼蕨
原产地：大洋洲、东南亚

鹿角蕨
原产地：澳大利亚

崖姜蕨
原产地：东南亚

🌵 天门冬科

　　天门冬科植物有着帅气的外表，所以拥有很多忠实粉丝。天门冬科有很多园艺品种，几乎每天都有新品种出现。空气清新效果超棒的虎尾兰，龙舌兰酒的原料——龙舌兰是这个家族最受欢迎的品种。天门冬科植物的肉质叶利于储存水分，所以耐旱，盆养生长速度相对较慢。虎尾兰的花期是春季和夏季。龙舌兰数十年才开一次花，开花后植株就会死亡。

棒叶虎尾兰

龙舌兰
原产地：墨西哥

古铜色虎尾兰

原产地：非洲热带地区

翡翠盘

原产地：墨西哥

虎尾兰

原产地：非洲热带地区

柱叶虎尾兰

原产地：非洲

雷神

原产地：墨西哥

棒叶虎尾兰

原产地：非洲、南亚

杂交龙舌兰「蓝色皇帝」

原产地：墨西哥（园艺品种）

69

🌵 菊科

　　在菊科的多肉植物中，翡翠珠十分受欢迎。它是藤蔓植物，茎叶伸展下垂，可以放在架子上或者放在吊盆中悬挂起来，观赏价值很高。在初春到夏季的温暖季节，可以开出许多小花。叶片看上去像海豚在跳跃的植物品种叫海豚弦月，在全世界都有超高人气。菊科多肉植物在养护的时候要特别注意因梅雨季节闷热的气候和夏季高温潮湿的气候引起的根腐病。

翡翠珠
原产地：南非

海豚弦月
原产地：非洲西北部地区（园艺品种）

翡翠珠

🌵 阿福花科

　　阿福花科中的人气植物是姬玉露。姬玉露的有些品种价格昂贵，叶子在光线下像水滴一样晶莹剔透，喜欢从透光的窗户接收阳光。春季到初夏开花，生长方式是从侧边长出子株并逐渐繁衍增多。养护的注意要点和菊科多肉植物一样。阿福花科的二歧芦荟是芦荟属中最大的植物之一，大植株的枝干摸起来很光滑，可以此推测其生长的历史。二歧芦荟在原产地高度可达10米以上。

二歧芦荟

二歧芦荟

原产地：南非

姬玉露

原产地：南非

🌵 景天科

　　景天科植物的特点是茎叶肉厚，可以储存水分。一直颇受青睐的黄金花月在冬季会开出可爱的淡粉色花朵。如果全年都种植在明亮的地方，并且在秋季控制浇水量，会花开不断。另一个品种黑法师油亮的黑紫色叶片颇具人气，茎上长出的新株呈花朵状。夏季进入休眠期，其他季节生长，因此在其他植物都停止生长的冬季，它们的新芽萌发能给人们带来新的乐趣。

黑法师

黑法师
原产地：地中海沿岸国家和地区（园艺品种）

黄金花月
原产地：南非

唇形科

　　唇形科中叶片含精油成分的芳香植物，通常被当作香草使用。碰碰香是一种肉质香草植物，圆形的叶片相当可爱。用手指摩擦叶片可以闻到清新的香味。除了具有除臭效果，还可用于烹饪。叶尖、茎的中间、植株根部会不断长出新芽，养护时应适当对植株进行打顶。当生长期的枝叶太密时，叶片会变黄掉落，所以要摘去整个叶柄。

碰碰香
原产地：东南亚、南非、印度

🌵大戟科

　　大戟科植物是原产于南美洲、非洲和东南亚等地热带地区的多肉植物，有许多外形奇特的品种，因此作为室内装饰植物越来越受到人们的喜欢。其中最值得一看的是被称为"僵尸植物"的扁枝麒麟。它的叶色呈红褐色，看上去像死去一般。还有枝干弯曲而细长的绿玉树也不容错过。温暖的早春，几乎所有的品种都会开出小花，奇特的植株外形和可爱的小花之间的反差很有趣。

霸王鞭
原产地：非洲热带地区

绿玉树
原产地：马达加斯加

扁枝麒麟

原产地：马达加斯加

红光棍树

原产地：东非

白龙骨

原产地：印度（园艺品种）

铁海棠

原产地：马达加斯加

麒麟掌

原产地：印度

逆鳞龙

原产地：南非（园艺品种）

仙人掌科

仙人掌科是原产于北美洲、中美洲的多肉植物。和其他多肉植物的区别在于，仙人掌有刺座（长刺的白色茸毛部分），刺座会长出很多刺，也有一些退化的品种。形态因品种而异，有柱状、带状、球状等。春季至秋季的生长期要放在温暖明亮的地方养护，土干就要及时浇水。冬季是休眠期，要控制浇水量。如果全年都能精心养护，花也会开得很好。

鬼面角
原产地：巴西、乌拉圭（园艺品种）

墨乌帽子
原产地：西印度群岛

垂枝绿珊瑚
原产地：美洲热带地区，斯里兰卡

雪柳
原产地：南美洲

青柳
原产地：南美洲

竹节丝苇
原产地：南美洲

锯齿昙花
原产地：中美洲、南美洲

猴尾柱
原产地：中美洲、南美洲

葫芦科

　　葫芦科植物是分布在热带地区的攀缘植物，代表性的观叶植物是绿之大鼓，因为其厚实的圆形叶片像大鼓而得名。绿之大鼓通常被种在吊盆中，但在原产地可以长成高度为1米左右的灌木。生长缓慢，在温暖的早春会开出淡黄绿色的小花。植株较小时，叶子是向上生长的，再长大，叶子增多时，就会下垂生长。

PART 4
与绿植共生

~Basics~

　　这部分是绿植养护的基础知识。日常的养护工作对植物来说至关重要。本章将介绍一年四季养护植物的方法。对于大家认为较难的修剪方法，我们将通过照片进行讲解。另外，P92 还收集了一些常见的问题并给出了解答，如果感觉植物有异常时可以对照查询。

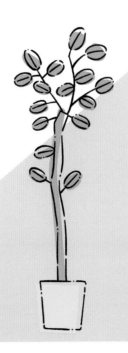

基础养护工作——浇水

对植物来说，浇水是重要的养护工作之一。水浇得好，植物就会苗壮成长。浇水之前，我们要了解浇水的意义是什么，注意观察植株的状态，并根据植物的具体情况进行浇水。

关于浇水

浇水的基本原则是"当土壤完全干透后，将土壤浇透，让水从盆底流出"。检查土壤是否干燥的方法为当土壤表面颜色变浅时用手触摸，确认湿度，或者掂一下花盆的重量，看看是否变轻。当土壤干燥时，害虫、细菌和根系呼吸产生的废物就会积聚在土壤的空气层中。在这种情况下浇水，土壤中的废物就会随着水从花盆底部的漏孔排出，土壤中的空气层就会被清洁的水和空气充满。同时根系呼吸所需的氧气也是通过浇水来补充的。浇水的关键是要将土壤浇透。花盆托盘排出的水含有代谢废物，务必倒掉。这种"干透—浇水—排出废物"的循环越快，植物的生长环境就越好。土壤太多会导致根系周围空气较少而窒息（根腐病），或者由于代谢废物不能排出，导致氧气进不来，土壤的土质就会变差，所以，选择适合植物大小的花盆是很重要的。

浇水的重点

植物利用自身储存的水分在白天进行生命活动，因此要在上午浇水。另外，叶子的正反面也要用喷雾器进行喷水，这样不仅能改善植物的生长环境，还能预防病虫害。

土壤变干能促进根系生长

土壤变干后根系就会生长来寻找水分。要培育根系良好的植株，关键在于保持土壤的干湿循环。另外，炎热的夏季和寒冷的冬季，土壤变干需要的时间不同，所以浇水前要仔细观察。

防止枯萎

无论你选择多么强壮的植物品种，如果不进行养护，也会越长越弱。与种在地里不同，用花盆种植对植物来说是严峻的考验。下面介绍 4 种预防枯萎的方法。

1. 不要随意决定浇水量和浇水频率

你可能听到有人说："我周末都会给每盆植物浇一杯水。"这种做法其实是错误的。应按照 P80 的浇水方法，在必要的时候给予所需的水量。

2. 平时放室内，春、秋两季可以拿到室外

观叶植物是养在室内的。如果在盛夏或严冬长时间放在室外，阳光直射或寒冷会损坏树叶，甚至会损伤植株，造成致命伤甚至枯萎死亡。户外适宜的气温在 20~30℃，并且要避免阳光直射。

3. 不要随意换盆

换盆必须选择适当的时机（详见 P88），否则会损害植株。"感觉植物没什么精神所以给它换个花盆试试""不管什么时候，买了新植物就要马上换盆"，这些做法都是错误的。特别是对于脆弱的植株，换盆可能是致命的。

4. 仔细观察

每日的状态检查是植物长寿的秘诀。仔细观察植物的状态，比如有没有虫子黏在上面，叶子是否下垂或者变黄等。发现得越早，应对就越快，植物就会更健康。

工具

最基础的工具叫"必备工具"，有需要才配备的工具叫"备选工具"。必备工具，请在购买植物的时候一并购买。备选工具可根据需要配备。

必备工具

■ 喷雾器
给叶片喷水时使用。推荐使用水雾细腻的喷雾器。

■ 园艺剪刀
用于修剪和维护。

■ 浇水壶
款式很多，可根据个人喜好选择。出水口细长的浇水壶比较好用。

■ 园艺手套
触碰土壤和换盆时可以保护双手。

■ 园艺铲、花铲
用于换盆和加土。

■ 托盘
拖住盆底，防止水流出。

备选工具

■ 水分计
可以测量土壤中的水分以知道浇水的时间。

■ 带滑轮托盘
搬动重花盆时使用，款式多样。

■ 自动浇水器
不在家时可以浇水，插进矿泉水瓶使用。

■ 室内植物生长灯
用于在暗处培育植物。

■ 毛巾
用于擦拭花盆和叶片。

■ 绿植用培土
用于换盆或加土。

■ 报纸
用于室内换盆和养护时垫在植物下面。

■ 花盆套
用于搭配植物，起到装饰作用，看上去会很时尚。

■ 温湿度计
用于测量植物周围环境的温度和湿度。

■ 土壤覆盖材料
覆盖在土壤上面的装饰材料。因为浇水后土壤湿度增大，浇水后 2 日内不能使用。

肥料

"植物看着没精神，就给它施点肥吧"，这种盲目施肥的做法是相当危险的，会使植物变得虚弱。我们要充分了解肥料的作用并学会正确地使用肥料。关于肥料的用法和用量，可参考其使用说明。

关于肥料

关于肥料，要记住"种类"和"时间"这两大重点。肥料分为两大类，一类是植物赖以生存的三大元素——以氮（N）、磷（P）、钾（K）为主要成分的氮磷钾肥料，另一种是含除三大元素外的其他微量元素的微量元素肥料。使用氮磷钾肥料的目的是促进植物生长，而使用微量元素肥料的目的是让植物的生长更加顺利，长得更加强壮。拿人类的饮食来比喻，氮磷钾肥料相当于主食，是米饭、面包；微量元素肥料相当于副食，是蔬菜、水果、营养品和能量饮料。活力剂应在施肥的基础上视情况使用，因为光靠活力剂营养是不够的。在植物生长期的春季到秋季，这两类肥料均可使用。盛夏、隆冬、换盆后、状态不佳时不可施肥。用量请参照每种肥料的使用说明。肥料包装上一定会有三大元素"氮、磷、钾"的成分比例。氮促进叶片的生长，磷促进花果的生长，而钾则促进根系的生长。

植物喜欢的 4 种环境

如果家里能营造一个植物喜欢的环境，植物就能茁壮成长。
虽然不可能和户外完全相同，但是可以有意识地营造以下 4 种环境。

1. 有明亮的阳光照入

　　植物在没有阳光的情况下不能进行光合作用，这样就不能很好地生长。只有灯光的话光量不够，而且灯光的波长也不适合光合作用，光线不足会导致植株徒长和褪色。如果要在黑暗的地方种植植物，可以使用室内植物生长灯。

2. 通风良好

　　植物本来是长在室外的，所以不喜欢空气流通不畅的环境。让新鲜的空气循环起来，植株才能健康成长。可以开窗或使用空气循环器使空气流动起来。

3. 温暖潮湿

　　观叶植物的原生地几乎都是温暖潮湿的地方。我们应尽可能营造一个接近植物原生地的环境。应避免将植物放在全天低于 10℃ 的地方，并使用喷雾器或加湿器来补充湿度。要绝对避开空调直风，因为空调的直风会让植株极度干燥。

4. 减少环境的改变

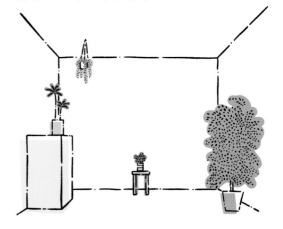

　　因为植物的根不会动，所以如果频繁改变放置的位置，植物会因环境变化的压力而变得状态不良。除了为了躲避盛夏和隆冬时节的酷暑和严寒，一旦确定了放置的地点，就不要轻易移动。

不在家时的 4 个注意事项

假期对植物来说是十分艰难的时期，因为这时主人容易外出，经常会有植物因主人长期不在家而枯死的情况发生。不在家的时候，一定要特别注意以下 4 点。如果离家超过 3 天，你就需要一个帮手了。

1. 不能断水

"我不在家的时候土都干了，回来的时候叶子都掉光了……"这种情况不在少数。出门前请一定检查一下土壤是否干燥，如果土壤太干，就要事先给它浇水。使用自动浇水器会更保险。

2. 尽量减少温度的变化

定时

密闭的室内空间会出现温度太高或太低的情况，这种温度的巨变容易使植物根部受损，从而导致植株枯萎。夏季的白天和冬季的早晚，可使用空调的定时功能调整室温。尽量放在有日光照射到的地方。

3. 保持空气流通

在密闭空间里，如果空气长期不流通，就会造成植物的高负荷。可以打开所有房门，打开换气口，让换气扇转动起来。家里有空气循环器的话要打开，使整个房间的空气流动起来。

4. 盛夏干脆放到室外

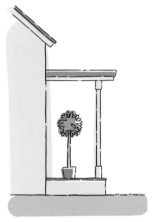

盛夏时节无论采取何种对策，室内的空间都还是太局限。如果室外有阴凉的地方，拿到室外去也是不错的选择。这样可以避免急剧的温湿度变化，降低根系受伤的风险。

夏季和冬季养护的注意事项

养护植物最需要注意的季节就是盛夏和严冬。

这两个季节冷热变化过大，对植物来说非常严峻，有可能会引起烧叶等问题。

接下来介绍一下平时容易忽略的环境变化问题和夏、冬两季的注意事项。

夏季的注意事项

　　夏季要注意防暑降温。就像人在太阳下暴晒容易晒伤一样，植物也怕暴晒。如果放在没有窗帘的窗边，或者拿到室外去浇水，哪怕只是一会儿，也很容易导致烧叶。如果出现烧叶变色的情况就无法复原了，只能剪掉烧坏的叶片，所以一定要注意避免。另外，夏季因为天气炎热，土壤容易干燥，所以更要注意保水。要做到水分充足，最重要的就是要经常检查土壤的干湿情况。关于土壤过干导致植物萎蔫的问题，经常听到别人说，"早上还好好的，我一回到家就发现它蔫巴巴的"。植物即使看上去没什么问题，但如果仔细检查你就会发现土壤其实已经干了。植物在白天因为炎热消耗了大量的水分，当然会出现萎蔫的现象。夏季，特别是早上，最好能养成经常检查土壤的好习惯。

冬季的注意事项

　　冬季要注意浇水和空气干燥的问题。浇水一定要在室内浇，如果拿到室外，哪怕只是一小会儿，植株容易受凉也会引起烧叶。还有一点比较出乎意料，那就是土壤过干导致植物萎蔫的问题居然在冬季也很常见。有人说："一直以为冬季是休眠期要少浇水，所以就置之不理了。"而实际上"见干浇透"这个原则即使在冬季也是一样要遵守的，土壤干了就要马上浇够水。如果是在开暖气的房间里，浇水的频率就要和早春时一样。而且，空气干燥容易导致灰尘堆积在叶片上，所以要经常擦拭叶片并喷水。叶片太脏会影响光合作用导致植株体力下降，干燥和灰尘还容易导致叶螨的滋生。冬季日照时间短，日照强度变弱，植株体力跟着下降，保持叶片清洁是让植株顺利过冬的重要手段。

病虫害的症状及预防

病虫害是阻碍植物正常生长的最大障碍之一。植物病虫害的种类因植物品种的不同而不同。下面介绍一些有代表性的病虫害。

基本的防治做法是"仔细观察，见到就杀灭"，必要时使用杀虫剂。

虫

名称｜介壳虫

症状｜黏附在枝叶上。

预防｜修剪过密的枝叶，保持良好的通风。用牙刷等刷掉虫害部分并喷洒杀虫剂。

虫

名称｜二斑叶螨

症状｜叶片有斑白，有蜘蛛网状的东西。

预防｜给叶片喷水预防。发现有虫就要全株水洗，晾干后喷药。

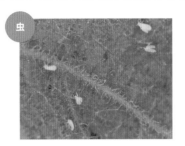

虫

名称｜粉虱

症状｜附着在叶片上，叶片出现白斑。

预防｜给叶片喷水预防。发现有虫就要全株水洗，晾干后喷药。

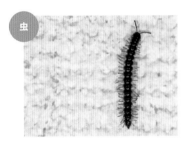

虫

名称｜千足虫

症状｜从土中长出。会分泌出难闻的臭味。

预防｜将加了驱虫药的水放入水桶，将整个花盆泡在水中半日。

虫

名称｜蚂蚁

症状｜从土中长出。如果蚂蚁在土中筑巢，植株就会越长越弱。

预防｜使用药物驱除。

虫

名称｜果蝇、飞虫

症状｜从土中长出。室内如果出现大量果蝇或飞虫会比较讨厌。

预防｜等土全干了之后再浇水。不要使用有机肥。在土壤表面铺上赤玉土，并喷洒杀虫剂等。

菌

名称｜白霉菌

症状｜土壤上爬满了白色孢子状的毛茸茸的东西。

预防｜避免潮湿，确保日晒和通风良好。向除去长毛部分的土壤喷洒酒精。

菌

名称｜炭疽病

症状｜开始叶片长出黑斑，很快变成灰色，接着叶片干枯。

预防｜定期修剪过密的枝叶，保持良好通风。剪掉交叉生长的枝叶。

菌

名称｜褐斑病

症状｜叶片长出褐色斑点，斑点持续扩大，然后叶落。

预防｜定期修剪过密的枝叶，保持良好通风。剪掉交叉生长的枝叶。

移栽换盆

购买植物后要做的第一件事就是换盆※。买回来的幼苗也可以按照这个步骤来操作，同时，这个方法也适用于逐渐长大的植株。换盆对植物来说是一个严峻的考验，所以，建议在换盆之前仔细阅读。

※ 也有一些植物是已经种好的，在购买时请确认一下是否需要换盆。

有必要换盆吗？

盆栽植物需要定期换盆，原因是为了植物能茁壮成长要适当调整花盆的环境。因为花盆的空间有限，随着时间的推移，植物的根部越长越大，原来的花盆就会变得拥挤，会导致植株发育不良等问题。根部长大后挤在一个狭小的空间里，无法充分吸收氧气和矿物质就会使植物很快枯死。同时，土壤中的营养物质会随着水分一起被根部吸收而慢慢变少。如果一直不换盆，那么就会出现叶片颜色变淡、难以长出新芽、叶子掉落等问题，只有换盆才能改善这些问题。定期换盆能使植物根部保持健康的状态，长出健康的枝叶，保持美丽的外观。

在什么情况下换盆？

如果有以下任意一种情况出现，就该换盆了：植株长大了，变得头重脚轻；购买超过 2 年；根须从盆底冒出；土壤流失、浇水时水很快就从盆底流出；或者相反，浇水时水很难从盆底流出※等。

※ 以水从 3~6 号盆 1 分钟、7 号盆以上 2 分钟流出为准。

大多在春季、秋季进行换盆

春季、秋季
15~25℃

换盆

换盆相当于做手术，所以要选择植物能较快恢复长势的时期进行，春季、秋季较温暖的时候比较适宜。盛夏和寒冬、植株状态不好时换盆会导致植物受伤，应尽量避免。

示例 换盆的步骤

1 　准备的工具

卷叶垂榕、培养土、盆底石、手套、抹布、盆、铲子、盆底网、一次性筷子、赤玉土※（中粒）。

※ 一种装饰用的小石子，还能防虫。

2

花盆底放盆底网，在上面铺上盆底石，占花盆 1/10 高度，以利排水。

3

放入培养土至盆底石被淹没的程度，再放入植物，确定其高度。如果觉得根太紧实，轻轻整理一下根系。

4

加土至离盆口还有 2~3 厘米的位置（留有浇水的空间）。

5

用一次性筷子将土戳实，注意戳的时候不要伤到根。只需要沿花盆边轻轻戳一戳即可。

6

时不时将花盆拿起轻轻磕一下，将土震一震，使土能进到盆底。

7

放入盆土后，用指腹压一下植株根部，将其固定在泥土中，以免松动。

8

最后在土上铺上一层赤玉土。

9

浇水至有水从盆底流出为止。这样换盆就完成了。换盆之后要等根部适应（约2 周时间）才能施肥。

修剪

修剪就是剪掉多余的枝叶。对于盆栽植物来说，修剪是一项不可避免也较难的工作。那么，就让我们针对不同的植物学习一些修剪的基础知识吧。如果我们能定期修剪，植物就会长得更加健康美观。

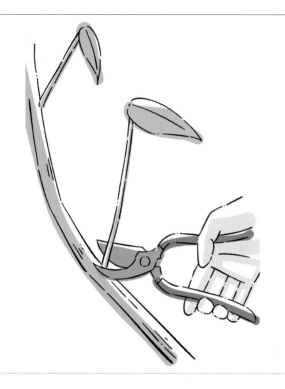

什么是修剪？

修剪就是剪掉多余的枝叶或者干枯受损的枝叶，使植株可以有良好的通风，这是使植物长寿、健壮、美观的必要工作。植物要健康，良好的通风是非常重要的。随着植物的生长，植株会长出很多重叠交错的枝叶，这样一来，植株通风就会变差，也容易滋生病虫害。定期进行修剪可以起到预防病虫害的作用。另外，定期修剪还可以使根部的营养快速地供应新芽和枝叶，促进新叶长出。通过修剪，还可以使杂乱无章的树形变得整洁美观。春季、秋季进行修剪比较适宜，在寒冷季节修剪植株容易受伤。潮湿的季节修剪的切口较难干燥愈合，容易滋生细菌和长霉，所以要选择天气晴朗的日子。

修剪一定要狠

有人会说："好不容易长出来的枝叶就这么剪掉太可惜了，我都好几年没舍得剪了。"其实修剪对植物的新陈代谢是必不可少的，所以还是要下狠心剪一剪。修剪后长出的新芽会更美哦！

修剪时的注意事项

有一些植物在修剪时，切口可能会有汁液流出，如天南星科和榕属植物。直接接触到汁液可能会引发皮疹，所以修剪时要戴手套。

示例 修剪的步骤

1 / 准备的工具

园艺剪刀、园艺手套。

2 /

修剪前的乌墨已经长出了很多新芽，看上去特别茂密。修剪一下能使植株变得清爽，改善植株的通风。

3 /

大致想象一下修剪后的整体效果再进行修剪。市面上卖的植物，主干的生长点※通常是被剪掉的，所以在长出来的枝叶的任何地方进行修剪都基本没问题。

※ 指植物根部或茎尖细胞分裂的部分。

4 /

剪的时候要在贴近叶片的正上方剪下去，这样切口的下方就会长出新芽，长出后形态也会变好看。

5 /

不需要像切花一样斜剪，直剪就可以了。

6 /

从正面看，乌墨的主干形态很美，所以要剪掉过密交叉的旁枝和叶子。

7 /

剪掉朝同一方向生长的最长的枝条。

8 /

剪掉局部碍眼的枝叶，对植株造型进行微调。

9 /

修剪完毕。密集交叉的枝叶变少了，通风变好了。修剪就像剪头发一样，要不断剪去多余的部分。一般以剪掉整株 1/3 枝叶的量为准。

常见问题 Q&A

我们收集了大家经常咨询的问题，以 Q&A 的形式总结出来。如果你在观察植物时发现什么异常，可以参考以下答案寻找解决方法。

Q：为什么叶子会粘在一起？

A：可能有一种叫介壳虫的虫子附着在叶子上。介壳虫有很多种，有的长着棕色的硬壳，样子像西瓜虫，有的长得像白色的棉花。观叶植物最常见的虫害就是这种虫。它们潜伏在树叶和树枝隐蔽的地方，会排出黏糊糊的排泄物。可用牙刷等刷掉虫害部分，如果刷不干净，可使用喷雾型专用杀虫剂。在土壤中撒上颗粒杀虫药可以防止虫害复发。

Q：为什么叶尖会变成褐色？

A：这种现象通常出现在棕榈科和龙血树属植物上，原因是空气干燥和缺水。应增加浇水的频率，勤给叶片喷水。此外，仲夏时节可能会有强烈的阳光直射和空调风对着吹的情况，所以要确认阳光照射和空调风向的问题。对于那些已经变成褐色的叶子，可用剪刀斜着剪掉。

Q：感觉叶子有点褪色是怎么回事？

A：有可能是二斑叶螨导致的。二斑叶螨寄生在叶片背面吸取养分，被吸取部分的叶片叶绿素减少，整片叶子看起来呈白色。二斑叶螨肉眼是很难看见的，但是当你触摸树叶的时候，会感觉像摸到尘土颗粒一样粗糙，手指会沾上褐色的类似灰尘的东西。二斑叶螨生长得很快，一旦发现，就要马上对整个植株进行水洗和擦拭，然后用喷雾型专用杀虫剂进行杀灭。杀虫剂重复使用几次会更有效果。

Q：花盆周围有很多小飞虫飞来飞去，怎么办？

A：土中可能长了果蝇。果蝇潜伏在离地面 2~3 厘米的土层中，浇水后 1~2 分钟就会从土里飞出来，所以要直接向虫子喷洒园艺专用杀虫剂。如果没有园艺专用杀虫剂，蚊蝇喷雾杀虫剂也可以。用普通蚊蝇杀虫剂时，应在离树叶和树干 20 厘米外喷洒。因为土壤中可能还有虫卵，所以我们要去掉 2~3 厘米的表土。减少的部分，补上观叶土和红玉土等。潮湿和养分充足的土壤容易滋生果蝇，一般在植物换盆后最容易发生。预防措施包括避免持续覆盖土壤和保持良好的通风等。

Q： 枝叶长太长可以剪掉吗？

A： 建议修剪一下。定期为老枝和交叉徒长的树枝修剪，植物更容易长出新芽。修剪的最佳时期一般是春季和秋季。修剪的部分以枯枝、徒长的树枝和交叉的树枝为主，可以修剪到留下大约 1/3 的枝叶的程度。与庭院树木不同的是，即使剪错了树枝，只要修剪的时期恰当，就不会出现枯萎的问题。（注意：棕榈科植物剪掉树叶根部是没有问题的，但它们的树干顶端有一个生长点，如果不小心剪掉，树干植株就会枯萎。）

Q： 树干长歪了怎么办？

A： 植株生长过程中树冠变重，或者土壤变贫瘠、变少可能会导致植株倾斜。可在春季、秋季换盆的时候将植株连根拔起，重新种植。如果花盆太小，那么就选择大一号的花盆。如果还没到换盆的季节，可以用支架支撑树干，或者加土重新加固。如果是因为枝叶太繁密导致的倾斜，可以在生长期进行修剪。

Q： 阴暗的玄关和洗手间能养植物吗？

A： 很难。如果没有日照、通风环境和适宜的温度，植物很难生长，很快就会枯死。如果无论如何都想在这些地方摆上植物，那么可以在有客人来访的时候将平时养在明亮地方的植物临时挪到那里摆放，或者摆放人造花。

Q： 怎么做才能让植物的外形大小保持不变？

A： 植物是活的，生长速度有快有慢，但总是会长大。想要保持一定的大小就要适时修剪，修剪成适合摆放的大小。

Q： 叶子都落光了，还能活吗？

A： 叶子全部掉光最有可能是因为根部受损或缺水。用手摸一下树干，如果树干还是硬的，说明还有水分，植株可能还活着；相反，如果变白而且干巴巴的，或者变黑变软，情况就会比较糟糕。如果枝头长出了嫩黄色的新芽，就不必担心；如果是因为根部受损导致落叶，植株就很难成活；如果只是缺水，一般只要重新浇水，新芽就会重新萌发。所以，我们可以从观察树干的状态来判断植株是否还活着。

Q： 龙血树下面的叶子变成棕褐色了，没事吧？

A： 龙血树的新芽是从植株的中心长出来的，下面的老叶变成棕褐色并慢慢掉落是很正常的，通常是新陈代谢的结果，所以无须担心。可从叶柄处剪掉变成棕褐色的叶子。

Q： 土上面长了白色的像发霉一样的东西是什么？要怎么处理？

A： 可能是长霉菌了。要及时去除长霉的土壤，因为霉菌滋生较快，可能周围的土壤也有霉变，所以要持续观察，看到长霉就要去除。土壤长霉通常是因为土壤潮湿，上方的空气流通不好。

Q： 长出蘑菇了要拔掉吗？

A： 虽然不一定会直接影响到植物，但还是拔掉吧。跟长霉一样，要持续观察，看到了就去除。长蘑菇也是土壤潮湿和通风不好导致的。

Q： 叶子的颜色变浅了怎么回事？

A： 可能是因为日照不足或者是根部受损。确认是否有适合植物的日照，如果太暗，要移到光线好的地方。根部受损的话，枝干和茎会变黑，如果遇到这种情况，应停止浇水，等土壤干透了以后再浇水。可以通过手摸或者掂一下花盆的重量来判断土壤是否干透了。

Q： 观叶植物开花了怎么办？

A： 花开得差不多就要摘掉残花。开花会消耗体力，可能导致叶片变黄或掉落。花开后可以施肥补充营养。

Q： 多肉植物烂了是什么原因？

A： 如果把水浇在植株上，或者植物闷在炎热的飘窗上，空气不流通，就会发生这种情况。浇水只能浇在土壤上。如果植株覆盖了整个花盆，难以浇水，可以将水储存在一个大碗里，然后将花盆的一半泡在水中，让土壤从盆底吸水。大约半小时后，吸收了水分的花盆会变得沉甸甸的。此外，多肉植物在不通风的环境中往往不能很好地生长，所以偶尔要给它们吹吹风。

Q： 换盆后植株变得蔫巴巴的、没精神，是什么原因？

A： 可能是换盆引起的根部受损，或者是换盆的过程太马虎导致植物吸不到水。换盆的季节应该是春季和秋季，盛夏和隆冬换盆可能会因为炎热和寒冷使根部受损。另外，如果种植时土壤不能贴合根部，根部就会因为吸不到水而变得软弱无力。在这种情况下，可以用棍子戳几下花盆，让泥土变密变扎实，然后再加土使土壤更加紧固。不要因为换盆后没精神就拔起来重新种或施肥，因为这样会使植物损伤更严重。注意要放在温暖和通风的地方养护。

Q：叶子长斑，还不停地掉怎么办？

A： 先确认一下是否有以下问题——浇多了水、放置场所太暗、叶片顶到墙或者叶片太密。如果放在墙边或房间的角落，因为光线和通风不好，靠墙那一面的叶子状态就会变差。偶尔调整一下植物的角度，稍微搬离墙壁，情况可能会好转。

Q：草本植物整个植株都耷拉下来了怎么办？

A： 如果叶片和植株根部颜色变黑或者植株变得柔弱，那就是根部受损了。如果是这样的话就很难复活了。如果叶片的颜色变黄，或者是颜色没变黄却耷拉下来的话很大可能是因为水分不足。可以用报纸将整株植物包成筒状，将水倒入大盆中，将半个花盆泡入水中，从花盆底部给水。等花盆变得沉重之后再将花盆从大盆中拿出观察。一般情况下，只要半天或一天时间就能使叶子立起来。

Q：叶子变黄和长斑该如何处理？

A： 春季到秋季是植物的生长期，这段时间可以修剪一下。如果是冬季，因为植株体力较弱，尽量不修剪，等到春季再剪。

Q：好几次将植物摆在同一个地方，每次都会枯死是什么原因？

A： 可能是放置的场地有问题。确认一下有没有日照、有没有通风、浇水的方法是否得当。另外，植物有的喜光，有的不喜光，千差万别，可以去就近的花店咨询一下。

Q：想养植物，但是孩子还小，担心会弄翻花盆怎么办？

A： 可以种挂在墙上或悬挂在天花板上的吊盆植物。另外，可以在孩子够不到的架子上放一些小盆栽。家里有植物的话整个房间的氛围就会焕然一新。或者可以选择无土栽培的气生植物。

Q：养植物的花盆看上去有点小，可以不换大盆吗？

A： 如果花盆底下没有粗的根须长出来就可以不换。种植盆栽植物，"泥土变干—浇水—排出废弃物"的循环越快，说明生长环境越好。盆栽的原则是不要把植物养得太大。如果土太多就不容易干，浇水的周期就会变慢，容易引起烂根的问题。

图书在版编目（CIP）数据

会呼吸的家：室内绿植养护与搭配 / 日本室内绿植
装饰店编；张翔娜译 . — 武汉：湖北科学技术出版社，
2022.5

ISBN 978-7-5706-1931-3

Ⅰ . ①会… Ⅱ . ①日… ②张… Ⅲ . ①园林植物—室
内装饰设计—室内布置 Ⅳ . ① TU238.25

中国版本图书馆 CIP 数据核字 (2022) 第 052538 号

Boutique Mook No. 1544 INTERIOR GREEN
Copyright © Boutique-sha 2021
All rights reserved.
First original Japanese edition published by Boutique-sha, Inc.,
Japan.
Chinese (in simplified character only) translation rights arranged
with Boutique-sha, Inc., Japan.
through CREEK & RIVER Co., Ltd.

会呼吸的家：室内绿植养护与搭配
Hui Huxi de Jia Shinei Lüzhi Yanghu yu Dapei

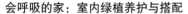

责任编辑: 周　婧
封面设计: 胡　博
督　　印: 刘春尧

出版发行: 湖北科学技术出版社
地　　址: 湖北省武汉市雄楚大道 268 号出版文化城 B 座 13–14 层
邮　　编: 430070
电　　话: 027-87679468
印　　刷: 湖北新华印务有限公司
邮　　编: 430035
开　　本: 889×1092　1/16
印　　张: 6
版　　次: 2022 年 5 月第 1 版
印　　次: 2022 年 5 月第 1 次印刷
字　　数: 100 千字
定　　价: 48.00 元

（本书如有印装质量问题，可找本社市场部更换）

作者 | 室内绿植装饰店

佐藤桃子 (左)，店长，出生于日本福岛县。
在 House Maker 学习了景观设计和种植
技术，毕业后就职于本店。从店铺品牌
设计、搭配到施工，全程负责。

真下悦洋 (右)，采购员，出生于日本静
冈县。对植物充满了探索精神，走访了
日本各地，将各种植物引进店铺。在盆
栽批发市场和花店积累了丰富的经验。